AF358033

NOTE

SUR

LA FABRICATION DU FROMAGE DE ROQUEFORT

ET SUR LE RÉGIME DES TROUPEAUX DU LARZAC

(AVEYRON),

Par M. Jules ITIER.

MARSEILLE.

TYP. ET LITH. BARLATIER-FEISSAT ET DEMONCHY,

PLACE ROYALE, 7 A.

1859.

NOTE

SUR

LA FABRICATION DU FROMAGE DE ROQUEFORT

ET SUR LE RÉGIME DES TROUPEAUX DU LARZAC

(AVEYRON).

Par M. Jules ITIER.

━━━━●◆●━━━━

Les troupeaux de bêtes à laine qui constituent l'une des richesses agricoles les plus importantes des départements du sud-est de la France, ne sont guères exploités sous le rapport du lait des brebis, que pour la fabrication de quelques fromages de qualité inférieure, se consommant dans les ménages; c'est un produit tout-à-fait accessoire et qui même est complétement négligé dans un grand nombre d'exploitations rurales; le lait de chèvre y supplée, à défaut de lait de vache fort rare dans la partie méridionale des Alpes. Là les principaux produits des troupeaux consistent, indépendamment de la laine et des engrais, soit dans la reproduction et l'élève des agneaux, soit dans l'engraissement des moutons, et il paraît que ces deux modes d'emploi des fourrages, quand ils sont pratiqués avec soin, présentent en définitive des avantages qui se contrebalancent. Mais ils sont l'un et l'autre évidemment très-inférieurs aux rendements qu'on obtient ailleurs et notamment dans le département de l'Aveyron , des troupeaux de bêtes à laine exploités pour le lait destiné à la fabrication des fromages. Ainsi, alors que nos brebis des Alpes nous rendent à peine en moyenne de 12 à 14 francs par année , en laine et agneaux , les brebis à lait de la partie du département de l'Aveyron qui avoisine Roquefort produisent en fromages, agneaux et laine jusqu'à 22 francs par année.

Cet écart considérable dans le rendement annuel des bêtes à laine par suite du mode particulier d'exploitation dont elles sont l'objet , nous semble de nature à attirer l'attention de nos agriculteurs , sur les modifications dont le régime de nos troupeaux serait susceptible pour atteindre le maximum du rendement. L'étude que nous avons eu l'occasion de faire du régime des troupeaux de bêtes à laine que nourrit le vaste plateau du Larzac (Aveyron), ainsi que de la fabrication des fromages à Roquefort , nous a paru de nature à les diriger dans ces tentatives d'amélioration.

Mais avant tout , il convient de décrire les caves de Roquefort , afin de bien établir les conditions de fraîcheur, d'aération et de sécheresse relatives qui les distinguent et contribuent puissamment à donner aux fromages traités dans ces caves la supériorité incontestable dont ils jouissent, et qui les place en tête des produits similaires de l'Europe.

Le village de Roquefort, célèbre dans le monde entier par l'excellence de ses fromages, est adossé à un rocher profondément fissuré dans tous les sens et dont les masses abruptes rappellent de loin les fortifications et les tours d'un immense château féodal. Ce village occupant la face nord du rocher, jouit en été, époque de la fabrication des fromages, d'une température très-fraîche. Ses caves ne sont que des grottes ou cavernes formées par la nature ; on a profité des anfractuosités de la roche pour y construire des réduits qui font en quelque sorte corps avec le rocher et qui constituent des caves à 2 et 3 étages où l'air frais et sec circule soit par des ouvertures factices, soit surtout par les fentes naturelles qui règnent dans le rocher, et entretiennent un courant d'air souterrain et continu, animé d'une vitesse telle qu'en été, époque où la température des caves se maintient invariablement entre 4 et 5 degrés et est conséquemment fort inférieure à celle de l'air extérieur, la flamme d'une lampe approchée de certaines fissures est éteinte instantanément.

La basse température de l'air qui s'échappe des fissures de la roche et circule en été dans les caves, la constance de cette température et la sécheresse de cet air, sont autant de phénomènes qui ont attiré l'attention des savants ; on a essayé diverses explications que nous ne reproduirons pas, parce qu'aucune ne nous a paru satisfaisante. Voici celle que l'étude attentive des localités nous a suggérée :

Formé des assises calcaires de la partie supérieure

du terrain Jurassique moyen , le vaste plateau du Larzac dont la hauteur au-dessus du niveau de la mer varie entre 800 et 1000 mètres, a été soulevé en masse et dans ce mouvement il s'est produit, dans ses différents bancs, d'innombrables fissures , des trous et des failles causes premières des excavations plus ou moins profondes qu'on observe à chaque pas, lorsqu'on parcourt la surface du plateau ; quelques-unes de ces excavations ont été remplies par le *diluvium* qui y a déposé son limon rouge argilo-siliceux et du fer hydroxidé en rognons , caractéristiques du terrain diluvien ancien. D'autres excavations semblent, au contraire, avoir été affouillées dans tous les sens , par des courants d'eau chargés sans doute d'acide carbonique et qui ont comme rongé et déblayé l'intérieur en laissant subsister çà et là des trous s'ouvrant à la surface du sol en forme d'entonnoir et d'une profondeur telle que la sonde n'a pas toujours pu en trouver le fond.

Le plateau du Larzac se couvrant en hiver d'une épaisse couche de neige , ces trous en engouffrent chaque année une certaine quantité qui gagne le fond et constitue des glacières naturelles dans d'excellentes conditions pour conserver la neige. Ce phénomène n'est pas particulier au plateau du Larzac, il se produit dans toutes les montagnes calcaires plus ou moins élevées qui se couvrent de neige en hiver et où il existe de profondes excavations souterraines ; je l'ai observé dans le Jura., dans *les Pyrénées* et sur les flancs du pic de Ténérife au lieu dit *la Cueva de las Nieves*.

L'observation de ces faits conduit à une explication tout-à-fait simple et naturelle de l'uniformité de température de l'air souterrain et de sa sécheresse. Cet air, en effet, en circulant au milieu des glacières naturelles dont il s'agit, s'y dépouille de son humidité par l'effet de l'abaissement de la température ; il s'échappe ensuite à travers les fissures de la roche sous l'impulsion des courants qui se produisent sous l'influence de cette modification, et s'il conserve une température constante, c'est que la cause du refroidissement, c'est-à-dire le contact de la neige, ne saurait varier dans ses effets.

Telles sont les propriétés des bonnes caves de Roquefort, c'est-à-dire, des anciennes caves, de celles dont les qualités ont dû fixer autour d'elles une population et motiver la création d'un gros village dans une situation hygiénique si désavantageuse par ailleurs.

La cave la plus considérable et la plus ancienne a appartenu à M. Durand de Montpellier qui l'a vendue récemment et, dit-on, au prix énorme de 400,000 fr. Elle a trois étages voûtés dans l'anfractuosité d'un rocher qui surplombe ; c'est le type de la cave à fromage, elle reçoit de l'air froid et sec par les nombreuses fissures naturelles dont le rocher est sillonné, et peut fabriquer annuellement 300,000 kilogrammes de fromage au prix moyen de 2 fr. le kilog, soit 600,000 fr. dont 200,000 fr. pour les producteurs de lait et 400,000 fr. pour les fabricants de fromage.

Il existe à Roquefort plusieurs caves moins importantes et il s'en crée tous les jours depuis qu'une société a organisé le monopole de la fabrication des fromages sous le nom de *Société des propriétaires des caves réunis,* ce qui a eu pour effet d'élever le prix de vente de la denrée pour les consommateurs, tout en réduisant le prix d'achat payé au producteur de lait. Espérons que cette spéculation ne réussira pas plus que toutes celles que l'esprit étroit et égoïste de monopole a tenté de nos jours ; ce qui la battra en brèche c'est la construction d'autres caves qui créeront nécessairement à cette société des concurrences favorables aux consommateurs des fromages et aux producteurs de lait.

Déjà, M. A*** a fait excaver à la mine le rocher pour construire une cave voûtée à trois étages, en mettant à profit des fissures considérables existant sur ce point, et par lesquelles il espère obtenir le courant d'air froid et sec à température constante indispensable à une bonne fabrication.

Les fromages frais fabriqués dans les bergeries du Larzac, sont, en arrivant à la cave, portés au saloir ; c'est une cave sèche sur le sol de laquelle on a étendu un peu de paille ; on répand une petite poignée de sel blanc sur chaque fromage que l'on range par piles de trois fromages ; on laisse ainsi les fromages au sel pendant huit jours ; alors on les porte dans des caves garnies d'étagères en bois sur lesquelles les fromages sont empilés trois par trois, après les avoir au préalable raclés avec un couteau pour enlever la moisissure et la première croûte : on obtient dans cette opération une pâte de basse qualité appelée *Rhubarbe blanche* dont on forme des pains qui se vendent 80 cent. le kilog ; lorsque la pâte est de qualité par trop inférieure on en fait du *Réveronne* , c'est ainsi qu'on appelle le pain de croûte à l'usage des porcs.

Après avoir laissé les fromages empilés trois par trois sur les étagères pendant huit jours, on les isole les uns des autres en les mettant de champ ; on les maintient dans cette position pendant dix, douze et quinze jours selon la marche de la fermentation; puis on les racle de nouveau avec un couteau pour enlever la moisissure ; tous les quinze ou vingt jours on refait la même opération , et pendant l'été cette raclure ne fournit que du *Réveronne* à l'usage des porcs. Mais , quand le fromage est fait et rendu à maturité , la raclure donne de la *Rhubarbe rouge* qui vaut aussi dans le commerce 80 cent. le kilog.

Le prix de vente des fromages varie sur les lieux entre 1 fr. 50 et 3 francs le kilog selon la qualité.

On estime la fabrication annuelle totale de Roque—fort à 1,300,000 kilog. qui, au prix moyen de 2 fr. le kilog. produisent 2,600,000 fr.

Il existe certainement dans les formations calcaires du Jura , des Alpes et des Pyrénées, une foule de localités, où l'on réunirait les conditions de bonne fabrication réalisées à Roquefort et où l'on obtiendrait des produits similaires par l'emploi du lait de brebis.

Voici pour compléter ce travail quel est le régime d'un troupeau relativement à la production du lait et à la préparation des fromages destinés aux caves de

Roquefort. L'exemple est pris dans la ferme de *Lafayole* appartenant à notre illustre économiste M. Michel Chevalier.

Vers le 15 octobre de chaque année, les brebis à lait qui avaient vécu séparées des béliers leur sont livrées pendant huit jours seulement. Toutes celles qui ont été couvertes sont mises à part, les autres restent avec les béliers. Ce premier lot de brebis couvertes met bas ou bout de 4 à 5 mois, on laisse à ces brebis leurs agneaux pendant deux mois, parce que ces agneaux sont destinés à l'entretien du troupeau et que le lait des mères en sera meilleur plus tard. Le deuxième lot de brebis fera des agneaux qu'on n'élèvera pas et que l'on ne laissera guère téter au delà de trois semaines à un mois.

Les brebis sont traites matin et soir, le lait du matin est chauffé pour en extraire la crème le soir, afin de faire du beurre ; l'on mêle le lait ainsi écrémé avec le lait du soir qu'on s'abstient d'écrémer ; on y ajoute immédiatement l'eau de présure préparée au moyen d'une présure de cabri qu'on a mise le matin à tremper dans un peu d'eau. Cette eau produit son effet le soir même. On en met la valeur d'une cuiller dans un chaudron de 40 litres de lait, et avec cette même présure on peut préparer trois ou quatre fois l'eau à cailler. Le lait se coagule à l'instant ; on brasse, puis on plonge des moules de terre percés de trous dans la masse caillée et l'on sépare ainsi la plus grande partie du petit lait ; alors, au moyen d'un écumoir on remplit chaque moule au quart de son contenant , on y jette une forte pincée de pain moisi réduit en poudre , puis on ajoute le 2me quart avec addition de pain moisi ; même opération après l'addition du 3me quart. On achève alors de remplir le moule , et on le met ensuite à égoutter sur une espèce de table à raies d'écoulement ; le lendemain on dépose le fromage , en renversant le moule , puis on le remet en le retournant dans ce moule , pour qu'il achève de s'y égoutter ; enfin on le place dans un lieu qui conserve une température moyenne. Tous les quatre ou cinq jours on transporte ces fromages dans les caves de Roquefort où ils sont traités comme il est dit plus haut.